Daniele Lupardi

Interpretation des Kartenblattes L7934 München

Bibliografische Information der Deutschen Nationalbibliothek:

Die Deutsche Bibliothek verzeichnet diese Publikation in der Deutschen National-
bibliografie; detaillierte bibliografische Daten sind im Internet über http://dnb.d-
nb.de/ abrufbar.

Impressum:

Copyright © 2005 GRIN Verlag GmbH
Druck und Bindung: Books on Demand GmbH, Norderstedt Germany
ISBN: 978-3-640-94437-8

Dieses Buch bei GRIN:

http://www.grin.com/de/e-book/171932/interpretation-des-kartenblattes-l7934-
muenchen

Karteninterpretation
L7934 MÜNCHEN

Daniele Lupardi

(Affines Fach nach RPO 2003)

Karteninterpretation als Leistungsnachweis für das Seminar: „Nutzung und Interpretation geographischer Darstellungsmittel und Informationssysteme". WS 2005/ 2006

Inhaltsverzeichnis

1. stichwortartige Einordnung des Kartenblattes

Kartenblatt	Topographische Karte L 7934 München
Maßstab	1:50000
Ausgabe	1999
Herausgeber	Bayerisches Landesvermessungsamt, München
Höhendarstellung	Isohypsen mit Äquidistanzen 10m, 100m (zum Teil mit 5-m-Linien als Hilfslinien)
Gauß-Krüger-Koordinaten	Rechtswert 44 509 00 bis 44 75 400 Hochwert 53 182 00 bis 53 40 600
Gradnetz	zwischen 11°20' und 11°40' ö. Länge zwischen 48°00' und 48°12' n. Breite
Legende	übliche Zeichenerklärungen
Geographische Einordnung	Lage: Mittlere Breiten; Europa; Mitteleuropa; Deutschland; Süddeutschland; Bayern; Bayerisches Voralpenland
Administrative Einordnung	nahezu ausschließlich die Fläche des Stadt- und Landkreises München; geringe Teile des Landkreises Fürstenfeldbruck (im NW), Starnberg (im SW)
tiefster Punkt	140m (44,73/53,39)
höchster Punkt	661m Sonnenberg (44,54/53,21)

2. Gliederungsskizze

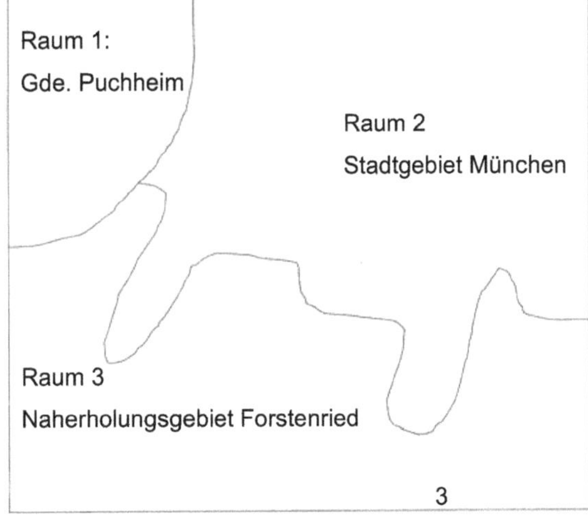

3. Physischgeographische Interpretation

3.1 Gemeinde Puchheim

Morphologie

Der Raum I ist nur punktuell besiedelt, beispielsweise im Raum Gröbenzell und Germering, ansonsten ist viel Freifläche erkennbar, welche wei-
testgehend ungenutzt anmutet. Reliefunterschiede
sind kaum zu erkennen. Das Gebiet liegt zwischen
500 und 550m ü. M., übersteigt diese Höhe jedoch
mit 563m lediglich an der Stelle Lindbühel Schanze. Hier ist ein steil ansteigendes Relief erkennbar, welches sich durch dichter werdende Isohypsen manifestiert.

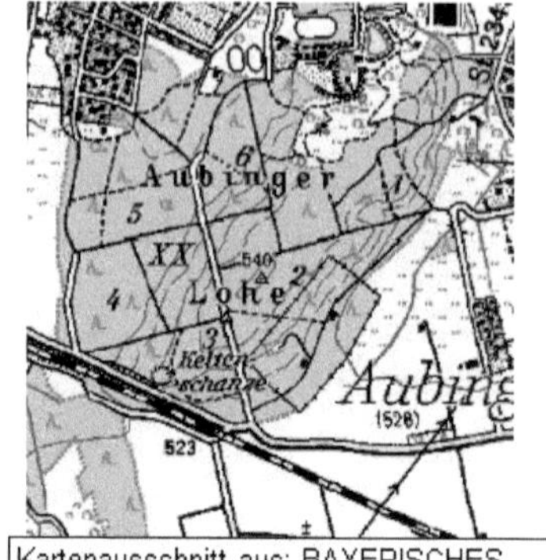

Kartenausschnitt aus: BAYERISCHES
LANDESVERMESSUNGSAMT: „Top50_V3_BYS

Waldfläche ist ebenfalls wenig zu finden, nur die Aubinger Lohe. Ansonsten dominiert Wiese- und Weidefläche. Das Gebiet gehört zur so genannten Münchener
Schotterebene, die glazial respektive periglazial geprägt ist.

Hydrologie

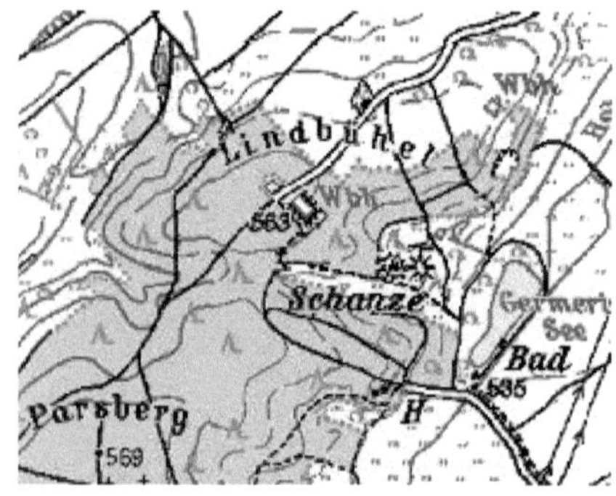

Kartenausschnitt aus: BAYERISCHES
LANDESVERMESSUNGSAMT: „Top50_V3_BYS"

Das untersuchte Gebiet 1 verfügt über
keine größere Fließgewässer, allerdings über einige kleinere Seen respektive Bäche, welche hauptsächlich
nach Nordosten hin entwässern. Auffallend ist, dass trotz geringer Abfluss-
möglichkeiten für den Niederschlag, in
dem Gebiet keine Moorflächen zu finden sind. Dies ist auf die Wasserdurchlässigkeit des Untergrundes der Münchener Schotterebene zurückzuführen.

Im Bereich der Lindbühel Schanze – der höchsten Stelle in Raum I (44,50/53,33) –
sind vier Wasserbehälter und ein Pumpwerk festzuhalten. Das Grundwasser wird an
dieser Stelle an die Oberfläche befördert und weitergeleitet.

Geologie

Geologisch dominiert der Schotter den Bereich 1. Gleichwohl finden sich im Bereich Gröbenzell anmoorige Böden. Dies lässt auf eine künstliche Veränderung des Gebietes schließen, wie sie es vor allem im Bereich der Bahntrassen der Fall gewesen sein könnte (Vgl. dazu: LIEDTKE/MARCINEK (2001), S. 131 ff.).

Boden

Die Torfflächen der Moore im Raum I waren einst mächtig, sind aber größtenteils ausgebeutet und kultiviert. Die stark durch das Grundwasser beeinflussten Bodeneinheiten, Gleye und Niedermoorböden, sind nur beschränkt ackerfähig. Voraussetzung für die ackerbauliche Nutzung dieser Standorte ist deren Entwässerung. Daraus folgt ein Absinken des Grundwasserspiegels, welches Folgen für die natürliche Vegetation haben kann.

3.2 Stadtgebiet München

Morphologie

Nahezu das gesamte Gebiet 2 ist besiedelt. Aus diesem Grunde lassen sich natürliche Begebenheiten kaum noch auskundschaften. Das Stadtgebiet ist sehr stark verdichtet und weist nur wenigen Grünflächen oder Parkanlagen auf. Einschneidend in das Relief ist die Isar, welche das Gebiet auf 140m ü NN einschneidet. Ansonsten liegen die Höhenangaben mit ca. 500 bis 550m ü NN auf einem ähnlichen Niveau wie das gesamte Umland.

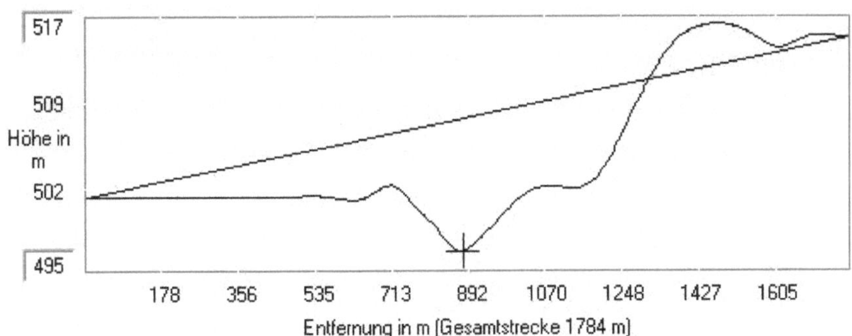

(Berechnung des Reliefprofils mit „Top50_V3_BYS" (2003))

Hydrologie

Auffallend sind die Flüsse Isar und Würm, da das Gebiet ansonsten sehr arm an Oberflächengewässern ist. Lediglich künstlich angelegte Gewässer, wie diejenigen um das Olympiastadion oder beim Schloss Nymphenburg sind erkennbar.

Kartenausschnitt aus: BAYERISCHES LANDESVERMESSUNGSAMT: „Top50_V3_BYS"

Das Gebiet scheint über große Grundwasservorkommen zu verfügen, wie aus dem Vorhandensein einiger Pumpwerke, beispielsweise (44,62/53,39) oder Wasserbehälter, bei (44,73/53,39), sowie anhand zahlreicher Schichtquellen an den Teilfeldern der Niederterrasse ergeht. Der Flussverlauf der Isar verändert sich im Stadtgebiet. Dies deutet auf eine künstliche Flussausrichtung hin.

Geologie

Bei dem Gebiet 2 handelt es sich um die Schotterebene von München, die durch die Schmelzwässer der Eiszeiten, insbesondere der Würmeiszeit, ins Leben gerufen worden ist. Die in der Eiszeit entstandenen Gletscherbäche transportieren nach und während den Eiszeiten große Mengen an Schottermaterial von den Moränen ab. Dadurch entstandene Schotterfelder, welche aus runden Steinen und aus Sanden bestehen, weisen eine hohe Wasserdurchlässigkeit auf. Die Folge ist die große Speicherwirkung des Untergrundes (Vgl. dazu: LIEDTKE/MARCINEK (2001), S. 472 ff.).

An den Eiszeittälern der Würm und der Isar lassen sich die Niederterassenflächen erkennen (Isohypsen, die parallel zum Fluss verlaufen), es gibt ein Dreiterrassensystem, wobei die Flußauen das vierte System bilden.

Das Klima in der späteren Würmkalt- respektive Würmeiszeit war äußerst wechselhaft, so dass sich der Gletscher unregelmäßig zurückziehen musste. Die Würm wurde durch stärkeren Schmelzwasserfluss eingetieft. Blieb der Gletscher stehen, so lagerte der schwächere Fluss den Schotter ab. Daraus ergab sich ein Wechsel von Aufschüttung und Eintiefung, weshalb sich die Würm zu einem Trompetentälchen entwickelte. Ein solches Tal entsteht dadurch, dass ältere Sander durch jüngere zerschnitten werden; deren Aufschüttungsfläche ist zunächst schmal und verbreitet sich dann in Fließrichtung trompetenförmig.

Boden

Die abnehmende Mächtigkeit der Schotterschicht bedingt das Abklingen der Entwicklungstiefe der Böden. Bedingt durch die sehr hohe Durchlässigkeit und das geringe Filtervermögen sind die Parabraunerden respektive Ackerparabraunerden im südlichen Bereich, aus landwirtschaftlicher Sicht nur von mediokrer Ertragsfähigkeit.

3.3 Naherholungsgebiet Forstenried

Morphologie

Raum 3 ist von Waldflächen geprägt. Das Gebiet fällt nach Norden ab. Nur wenig Besiedlung, entlang der Würm respektive Isar. Es können 2 Landschaftsräume unterschieden werden: in den Süden mit leicht kuppigem Altmoränenrelief und in den Nordteil mit der reliefarmen Schotterebene. Es kann vermutet werden, dass das Gebiet zur Naherholung für die Stadtbewohner dient. In Buchendorf lassen sich altglaziale Landschaftsformen entdecken, dort sieht man flachwellig Wechsel der Höhenlinien und ein wenig ausgeprägtes Trockental.

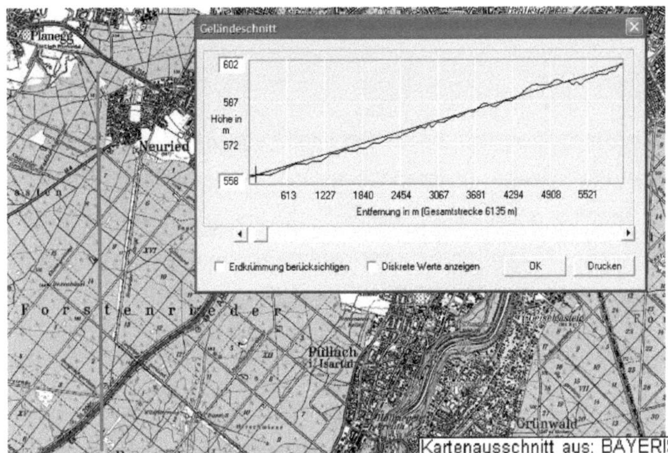

Kartenausschnitt aus: BAYERISCHES LANDESVERMESSUNGSAMT: „Top50_V3_BYS"

Dieses Gebiet wurde bei der letzten Eiszeit, nicht mehr vom Gletscher eingenommen, daher wurde es durch ausgewehte Deckschichten ausgeglichen. Der Raum um Leutstetten sticht heraus, da er über ein sehr bewegtes Relief mit zahlreichen Kuppen verfügt. Ebenfalls anhand der Höhenlinien erkennbar ist der Aufstieg des Zungenbeckens des Starnbergersees auf die Endmoräne

Hydrologie

Kartenausschnitt aus: BAYERISCHES LANDESVERMESSUNGSAMT: „Top50_V3_BYS"

Auffallend sind die Flüsse Isar und Würm, ansonsten ist das Gebiet Oberflächengewässerarm. Das einzige Oberflächenwasser entspringt nordöstlich von Deisenhofen, der Hachinger Bach (44,71/53,22). Im Südwesten, vor der Endmoräne bei Leutstetten sieht man ein versumpftes Gebiet, ein glaziales Becken. Durch die Senkung des Wasserspiegels dieses Zungenbeckens ist eine Moorlandschaft entstanden. Auch hier sind Pumpwerke und Wasserbehälter vorhanden, z.B. bei Königswiesen (44,53/53,24), bei Buchenhain/ Baierbrunn (44,61/53,20) und bei Deisenhofen/ Oberhaching (44,68/53,21).

Geologie

Bei dem Gebiet handelt es sich um die Schotterebene von München, die durch die Schmelzwässer der Eiszeiten (insbesondere durch die der Würmeiszeit) entstanden ist. Die in der Eiszeit entstandenen Gletscherbäche transportieren nach und während den Eiszeiten große Mengen an Schottermaterial von den Moränen ab (Vgl. dazu: LIEDTKE/MARCINEK (2001), S. 470 ff.).

Boden

Im gesamten Gebiet ist der Boden sehr feucht. Maßgeblichen Einfluss hat der fluvioglaziale karbonatreiche Schotter der Würmeiszeit, welcher als Niederterrassenschotter bezeichnet wird. Die mächtigsten Schotterauflagen mit mittel- bis tiefgründigen Schotterverwitterungsböden befinden sich im Süden. Im spätglazialen Stadium wurden die Schotterzungen auf die älteren Niederterrassenschotter schwemmfächerförmig aufgeschüttet.

Des Weiteren weist das Gebiet 3 kaum Oberflächengewässer auf, in die sich die Böden entwässern könnten. Der daraus resultierende hohe Grundwasserspiegel hat die Entstehung zahlreicher Niedermoore zur Folge. Landwirtschaftlich lässt sich der Boden kaum bis gar nicht nutzen. Aus diesem Grunde überlässt man das Terrain der Forstwirtschaft, wie an der Häufung des Nadelwaldbewuchses klar ersichtlich ist. Nadelwald kann auch auf schlechterem, feuchtem Boden wachsen, erhebt somit kaum besondere Ansprüche an den Untergrund.

Die Häufung der Wasserbehälter resultiert ebenfalls aus der bereits oben erwähnten Durchlässigkeit des Schotters.

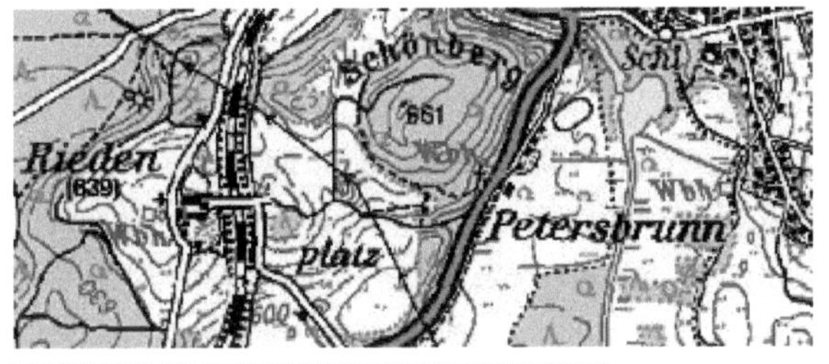

Kartenausschnitt aus: BAYERISCHES LANDESVERMESSUNGSAMT: „Top50_V3_BYS"

An verschiedenen Standorten ragen aus dem würmeiszeitlichen Schottern risszeitliche Altmoränen hervor. In diesen Bereichen haben sich überwiegend Braunerden und Parabraunerden aus Lößlehm entwickelt. Dieser Boden ist aufgrund günstiger bodenphysikalischer und -chemischer Eigenschaften für den Ackerbau vielseitig nutzbar, da sich mit zunehmendem Grundwassereinfluss sehr humusreichen Pararendzinen und humusreichen Ackerpararendzinen entwickeln können, die für den Ackerbau sehr dienlich sind.

3.4 Klima und Vegetation

Das Gebiet liegt im Übergangsbereich zwischen dem feuchten atlantischen und dem trockenen kontinentalen Klima. Weitere wesentliche wetterbestimmende Faktoren sind die Alpen als mitteleuropäische und die Donau als regionale Wetterscheide. Aus diesem Grunde ist das Wetter in diesem Gebiet sehr wechselhaft. Prägend ist ein warmer Föhn auf der Leeseite der Alpen von Süden her. Gleichzeitig herrscht ein sehr niedriger Luftdruck. Auf Grund der Nähe zum Gebirge fällt allerdings relativ viel Niederschlag, sodass München die schneereichste Stadt der Bundesrepublik Deutschland ist. Die klimatischen Verhältnisse im Münchener Raum werden von atlantischen Luftmassen aus vorwiegend westlichen und südwestlichen Richtungen sowie von kontinentalen Luftmassen aus östlichen Richtungen geprägt.

Die mittlere Jahressumme des Niederschlags beträgt in München etwa 950 mm, wobei etwa zwei Drittel der Niederschlagsmenge in der Vegetationsperiode von Mai bis Oktober fallen. Der Boden muss eine hohe Aufnahmefähigkeit haben, da wenig Oberflächenabfluss möglich ist. Auch dies bestätigt die Vorhandenheit von Schotteruntergrund in periglazial geformtem Münchener Raum.

Etwa ein Drittel des Gebietes ist bewaldet, am häufigsten ist der Nadelwald anzutreffen, lediglich in der Endmoränenlandschaft um Leutstetten findet sich Laub- und Mischwald. Trotz Nadelbaum-, Wiese- oder Weidesignatur wird anhand mancher Ortsnamen die ursprüngliche Vegetation ersichtlich. So liegen einige Viehhöfe mit der Bezeichnung Schwaige (althochdeutsch für Weidelandschaft) in unmittelbarer Nähe von Wiesen oder Weideflächen. Im Stadtgebiet findet man einige Gärten oder Parkanlagen, jedoch keine genaueren Informationen zu der dortigen Vegetation.

Kartenausschnitt aus: BAYERISCHES LANDESVERMESSUNGSAMT: „Top50_V3_BYS"

<u>**4. Anthropogeographische Interpretation**</u>

Das vorliegende Kartenblatt zeigt München als den zentralen Ort ab. Es weist ein dichtes Verkehrsnetz auf, welches zahlreiche Autobahnen, Bundes- und Landesstraßen, zahlreiche Hauptstraßen und viele Bahntrassen beinhaltet. Die herausragende Infrastruktur zeichnet die Stadt als ein Oberzentrum, sowie als ein Verwaltungszentrum aus. Sowohl mit dem Auto als auch mit der Bahn und dem Flugzeug ist die Landeshauptstadt des Freistaates Bayern gut zu erreichen.

4.1 Siedlungsgenese

Es gibt zahlreiche Hinweise auf die Besiedelung durch Kelten und Römer, beispielsweise so genannte „Keltenschanzen". Unter einer Keltenschanze versteht man insbesondere im süddeutschen Raum anzutreffende Reste quadratischer, manchmal auch rechteckiger Gevierten mit umlaufendem Graben. Der Ursprung der Keltenschanzen ist vermutlich spätkeltisch.

Kartenausschnitt aus: BAYERISCHES LANDESVERMESSUNGSAMT: „Top50_V3_BYS"

Die Funktion von Keltenschanzen ist aufgrund spärlicher archäologischer Befunde bis heute nicht zur Gänze geklärt. Eine militärische Nutzung erscheint jedoch nach heutigem Forschungsstand als sehr unwahrscheinlich. Im 19. Jahrhundert wurden die Schanzen als römische Befestigungen oder Gutshöfe gedeutet.

Des Weiteren finden sich Römerstraßen, die Fernverkehrsstraßen des Römischen Imperiums vor und nach dessen Niedergang. Römerstraßen bilden das älteste Straßennetz Europas, ursprünglich zu militärischen Zwecken angelegt und sorgfältig unterhalten, später, insbesondere im Mittelalter, für den Reiseverkehr und für den Handel genutzt.

Keltenschanzen findet man an Römerstraßen gelegen, z.B. die Schanze am Georg-stein (44,63/53,20). Die Kelten haben, wie wir wissen, Gold gewaschen und verarbei-tet. Daher waren natürlich auch für die Römer diese Stellen von großem Interesse.

Weitere Anzeichen für eine Besiedlungsphase im Mittelalter sind die Ortsnamen und der städtische Grundriss der Münchener Altstadt. Dieser zeichnet sich durch eine dichte Verbauung aus, die sich kreisförmig um das Zentrum – dem Dom – lagert. Die Ringstraße, welche die mittelalterliche Altstadt von deren Erweiterungen in späteren Jahrhunderten trennt, kann als den ehemaligen Verlauf der Stadtmauer gedeutet werden, besaß doch München recht früh Stadtrecht und somit Recht auf Errichtung einer Stadtmauer.

Kartenausschnitt aus: BAYERISCHES LANDESVERMESSUNGSAMT: „Top50_V3_BYS"

4.2 Ortsnamen

Nach HÜTTERMANN (2001) sind Ortsnamen und Siedlungsbezeichnungen ein reichhaltiger Fundus an Informationen, über Zustände, welche oftmals nicht mehr sichtbar sind. Eine Zusammenstellung der häufigsten Ortsnamen kann daher sehr hilfreich bei der Analyse des Kultur- und Landschaftsraumes sein. Bestimmte Suffixe lassen Rückschlüsse auf die Siedlungsgründung zu.

Aus der Landnahmezeit, der Zeit um circa 300 bis 500 n. Chr., stammende Endun-gen wie -heim, -ingen/-ing, -hofen, sind häufig zu finden.

-heim / -ham	-ingen / -ing	-hofen / -hof
Waldheim	Krailling	Pfaffenhofen
Puchheim	Gräfeling	Unterhofen
Lochham	Aubing	Buchhof
Fraiham	Gauting	Milbertshofen
Potzham	Pasing	Deisenhofen
	Giesing	Leisenhofen

Tabelle des Verfassers nach Angaben von HÜTTERMANN (2001)

An die Landnahmezeit schließt sich die Zeit des frühen Ausbaus um circa 500 bis 800 n. Chr. An. Typisch sind Ortnamen mit den Endungen: -hausen, -dorf, -Stadt, -stetten.

-stadt/ -stetten	-hausen	-dorf
Leutstetten	Heimathausen	Stockdorf
	Lochhausen	Buchendorf
	Harthausen	Ramersdorf
	Haidhausen	
	Steinhausen	

Tabelle des Verfassers nach Angaben von HÜTTERMANN (2001)

Weiterhin wichtig in dieser Periode sind zusammengesetzte Ortsnamen. Sie geben häufig Informationen über die Lager eines Gebietes, z.B. Ober-, Nord-. Zum Bespiel Oberhaching, Oberdill, Unterföhring, Unterbiberberg, Unterbrunnen, Unterschorn.

Im späteren Ausbau in der Zeit von etwa 800 bis 1400 n. Chr. sind Namen, die auf eine Rodung des Landes hinweisen, sowie Burgnamen oder Marschgebiete prägend. Auf dem Blatt München finden sich vor allem dieser erstgenannten Namen, u. a. Planeggried, Fürstenried, Neuried, Pentenrief, Buchenhain, Buchendorf, Am Wald, Birkenried. Ebenfalls aus dieser Epoche stammen Blutenburg, oder Josephsburg. Finden wir „–ried"-Namen an Stellen fernab von Rieden, so deutet das auf das frühere Vorhandensein von Feuchtgebieten, die im Zuge der Urbarmachung drainiert wurden.

Auch geistliche Gründungen waren für die Namensgebung belangreich. So gibt es viele Ort mit der Endung „–kirchen". Taufkirchen, Steinkirchen, Thalkirchen, Johanneskirchen und so fort sollen hier nur als Beispiel hierfür dienen.

Typische Ortsnamen für die Münchener Schotterebene sind auch „–brunnen"-Namen, da häufig die Anlegung eines Brunnen der Auslöser weiterer Besiedelungstätigkeit war, so wie im Falle der Orte Ottobrunn, Unterbrunn, Siebenbrunn, Petersbrunn et cetera.

4.3 städtischer Grundriss

Ein Exkurs in dessen Geschichte ist vonnöten, will man das Aussehen des städtischen Grundrisses Münchens verstehen.

Die Stadt München wird Mitte des 12. Jahrhunderts an der Isar, als wichtiger Handels- und Marktort, gegründet. Anfang des 14. Jahrhunderts kommt es zur ersten Stadterweiterung, diese erfolgt kreisförmig um den alten Befestigungsring entlang der Isar-Hochterassen. Eine weitere Veränderung des Stadtbildes geht einher mit dem Aufkommen der absolutistischen Herrschaftsform.

Begründet durch ein Ansteigen administrativer, repräsentativer und machtpolitischer Aufgaben, steigt der Raumbedarf des Fürstenhofes an. Dies hat die Zerstörung vieler bürgerlicher Siedlungen zur Folge. Zuzug aus den umliegenden Regionen und der damit verbundene Bevölkerungswachstum lässt in der zweiten Hälfte des 18. Jahrhunderts die Stadt erneut wachsen. Auslöser für die Landflucht ist zum einen die voranschreitende Industrialisierung, zum anderen die Konzentration der Verwaltung auf München.

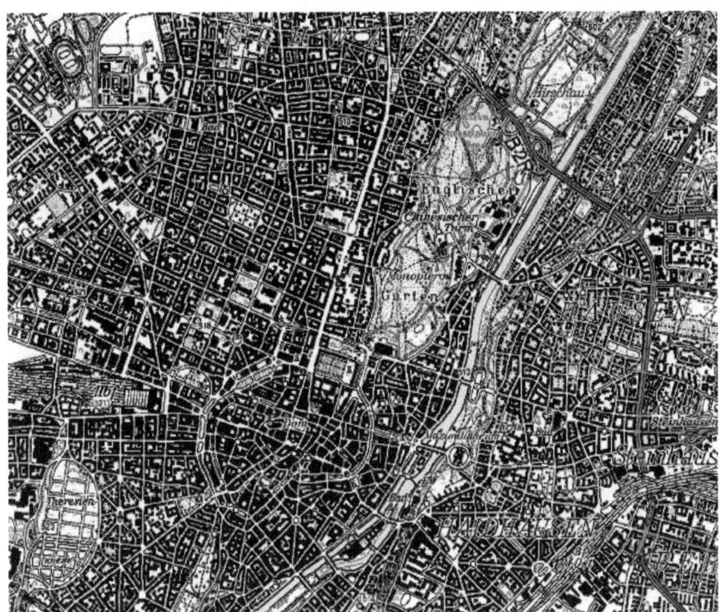

Anfangs des 20. Jahrhunderts wird durch die zunehmende Wohnungsnot der Wohnungsbau in den Randlagen verstärkt. Deutlich zu erkennen sind die Altstadt und der Stadtkern, insbesondere die Ringstraßen deuten – wie bereits oben erwähnt – auf den Verlauf einer früheren Stadtmauer hin. Die erste Befestigung ist oval durch eine Hauptstrasse zerschnitten, auf diese laufen Gassen in unregelmäßiger Form zu. Ebenso charakteristisch für die Altstadt ist der Dom mit seinem Vorplatz. Weiterhin ausschlaggebend für die Gründung war sicher die günstige Lage an der Isar.

Auf eine erste Erweiterung der Stadt lässt die äußere Ringstrasse schließen. In dieser Befestigung sind zwei Tore an den Seiten der Hauptstrasse zu erkennen. Der Kopfbahnhof ist ein weiteres Indiz für ein Tor, da Bahnhöfe häufig vor Stadttoren angelegt wurden. Die Umrisse der Befestigung durch Bastionen, die nur noch durch den Straßenverlauf angedeutet wird, lässt die weitere Stadterweiterung vermuten.

Die Anlage Nymphenburg – deutliches Merkmal der Renaissancestadt – belegt die nächste Erweiterungsphase. Die Befestigungsanlagen aus dieser Zeit hatten zur Folge, dass die Siedlungen alle auf die Schloss Anlage ausgerichtet wurden. Diese Entwicklung umfasste neben den Räumen um die Stadttore, das gesamte Vorfeld der Stadt. Das Gebiet, welches sich von der Altstadt bis zum Bahnhof erstreckt, ist die City, daran schließt sich die Außenstadt Münchens an: Westend, Schwabing und Haidhausen. Hier ist der wilhelminische Ausbau markant zu erkennen, charakterisiert durch regelmäßige geradlinige Straßen und Häuserzeilen. Vereinzelt sieht man Plätze, auf welche die umliegenden Straßen sternförmig zu laufen.

Die Innenstadt ist heute – vermutlich als Folge der hohen Bodenpreise – sehr dicht besiedelt. München hat sich durch ihre Erweiterungen von einer Stadt zur Stadtregion entwickelt. Auf dem Kartenblatt deutlich zu erkennen ist ein innerer und ein äußerer Verdichtungsraum, beispielsweise in Perlach und Neuried. Durch diese stadtbauliche Maßnahme wird versucht, die Stadtentwicklung in den suburbanen Raum zu verlegen. Dabei ist die Orientierung in das Umland unabdingbar, wie auch an der Ausrichtung des S-Bahn Netzes zu erkennen.

Nach der Isarregulierung ist auch das dem Fluss nahe Gebiet deutlich aufgewertet worden. Dadurch erfuhr auch dieser Bereich eine intensive Besiedlung. Durch die Verlegung des Wohnraumes in die äußeren Bezirke, stellten sich bald andere Aufgaben an das vorhandene Straßennetz und an die öffentlichen Verkehrsmittel. Ist eine Versorgung in den Randgebieten gesichert, fördert dies die Stadtflucht und die Innenstadt kann für den tertiären Sektor freigegeben werden.

4.4 Infrastruktur

a) Straßenverkehr

Um die hohe Besiedlungsdichte bedienen zu können ist auch das Verkehrsnetz sehr stark entwickelt. Es gibt einen Radialverkehr von München nach außen hin. Dies zeichnet die Stadt unter anderem als Oberzentrum aus. Insbesondere im Zentrum von München ist eine sehr hohe Verkehrsverdichtung zu erkennen. Die farbliche Unterscheidung (Fernverkehr = orange; Regionalverkehr = gelb) lässt die klare Dominanz des Fernverkehrs direkt erkennen.

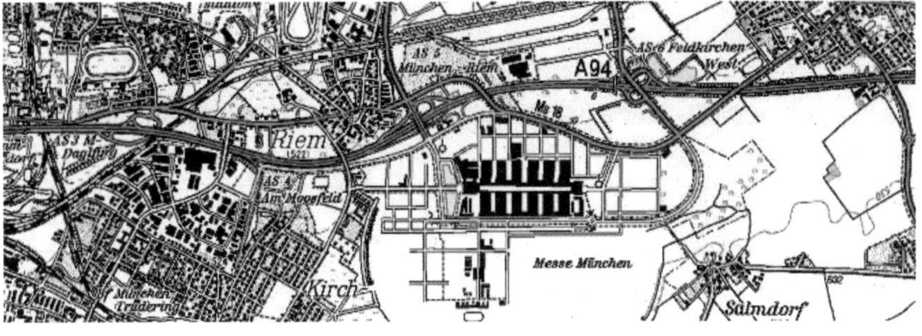

Kartenausschnitt aus: BAYERISCHES
LANDESVERMESSUNGSAMT: „Top50_V3_BYS"

Zwischen 1972 und 1996 kamen in neuen suburbanen Gebieten einige Regional-
strassen und ein neues Autobahnkreuz hinzu. Der Fernverkehr wurde aus der Innenstadt in die Vorstadt verlegt, was die Lebensqualität der City enorm steigerte.

b) Eisenbahn- und Luftverkehr

Neben einem hervorragenden Straßenverkehrsnetz verfügt die Stadt ebenso über
ein gut entwickeltes Einsenbahnnetz. Im Süden der Stadt befindet sich der Haupt-
bahnhof, ein vielgleisiger Kopfbahnhof. Eine Anbindung der Stadt München an das
Eisenbahnnetz unterstreicht abermals die überregionale, ja, die nationale Bedeutung.
Die meisten Bahnlinien sind mehrspurig, was eine hohe Frequentierung vermuten
lässt. Ebenso die große Anzahl von Rangier- und Güterbahnhöfen, welche eine
große wirtschaftliche Bedeutung für die Region haben. Dadurch ist die Anbindung
des Industriegebietes im Norden Münchens gesichert. Des Weiteren verfügt die
Stadt München über einen Flughafen, der über die A95, erreichbar ist.

Kartenausschnitt aus: BAYERISCHES
LANDESVERMESSUNGSAMT: „Top50_V3_BYS"

<u>**Quellennachweis**</u>

Kartenblätter

- BAYERISCHES GEOLOGISCHES LANDESAMT: „Geologische Karte L7934 München". (1995).
- BAYERISCHES LANDESVERMESSUNGSAMT: „Topographische Karte Blatt L7934 München". (1999).

Digitale Karten

- BAYERISCHES LANDESVERMESSUNGSAMT: „Top50_V3_BYS". (2003).

Bücher

- HÜTTERMANN: „Karteninterpretation in Stichworten". Stuttgart (2001). (4. überarbeitete und erweiterte Auflage).
- LIEDTKE/ MARCINEK (Hrsg.): „Physische Geographie Deutschlands". Gotha (2002). (3. überarbeitete und erweiterte Auflage).

Internet (Stand: 15. Mai 2006)

- http://www.muenchen.de/Rathaus/dir/stadtarchiv/geschichte/39313/index.html
- für Abschnitt 4.4 a und b: http://de.wikipedia.org/wiki/M%C3%BCnchen#Wirtschaft_und_Infrastruktur
- für Abschnitt 4.3:
  http://www.wissen.de/wde/generator/wissen/ressorts/reisen/index,page=11954 38.html